神奇生物世界丛书

主　编　　杨雄里
执行主编　　顾洁燕

五彩天使

水族世界大揭秘

郝思军　编著

上海科学普及出版社

神奇生物世界丛书编辑委员会

主　　编　　杨雄里

执行主编　　顾洁燕

编辑委员　（以姓名笔画为序）
　　　　　　王义炯　岑建强　郝思军　费　嘉　秦祥堃　裘树平

《五彩天使——水族世界大揭秘》

编　　著　　郝思军

序　言

你想知道"蜻蜓"是怎么"点水"的吗？"飞蛾"为什么要"扑火"？"噤若寒蝉"又是怎么一回事？

你想一窥包罗万象的动物世界，用你聪明的大脑猜一猜谁是"智多星"？谁又是"蓝精灵""火龙娃"？

在色彩斑斓的植物世界，谁是"出水芙蓉"？谁又是植物界的"吸血鬼"？树木能长得比摩天大楼还高吗？

你会不会惊讶，为什么恐爪龙的绰号叫"冷面杀手"？为什么镰刀龙的诨名是"魔鬼三指"？为什么三角龙的外号叫"愣头青"？

你会不会好奇，为什么树懒是世界上最懒的动物？为什么家猪爱到处乱拱？小比目鱼的眼睛是如何"搬家"的？

……

如果你想弄明白这些问题的真相，那么就请你翻开这套丛书，踏上神奇的生物之旅，一起去揭开生物世界的种种奥秘。

习近平总书记强调，科技创新、科学普及是实现创新发展的两翼。科普工作是国家基础教育的重要组成部分，是一项意义深远的宏大社会工程。科普读物传播科学知识、科学方法，弘扬渗透于科学内容中的科学思想和科学精神，无疑有助于开发智力，启迪思想。在我看来，以通俗、有趣、生动、幽默的形式，向广大少年儿童普及物种的知识，普及动植物的知识，使他们从小就对千姿百态的生物世界产生浓厚的兴趣，是一件迫切而又重要的事情。

"神奇生物世界丛书"是上海科学普及出版社推出的一套原创科普图书，融科学性、知识性、趣味性于一体。丛书从新的视野和新的角度，辑录了200余种多姿多彩的动植物，在确保科学准确性的前提下，以通俗易懂的语言、妙趣横生的笔触和五彩斑斓的画面，全景式地展现了生物世界的浩渺与奇妙，读来引人入胜。

丛书共由10种图书构成，来自兽类王国、鸟类天地、水族世界、爬行国度、昆虫军团、恐龙帝国和植物天堂的动植物明星逐一闪亮登场。丛书作者巧妙运用了自述的形式，让生物用特写镜头自我描述、自我剖析、自我评说、畅所欲言，充分展现自我。小读者们在阅读过程中不免喜形于色，从而会心地感到，这些动植物物种简直太可爱了，它们以各具特色的外貌和行为赢得了所有人的爱怜，它们值得我们尊重和欣赏。我想，能与五光十色的生物生活在同一片蓝天下、同一块土地上，是人类的荣幸和运气。我们要热爱地球，热爱我们赖以生存的家园，热爱这颗蓝色星球上的青山绿水，以及林林总总的动植物。

丛书关于动植物自述板块、物种档案板块的构思，与科学内容珠联璧合，是独具慧眼、别出心裁的，也是其出彩之处。这套丛书将使小读者们激发起探索自然和保护自然的热情，使他们从小建立起爱科学、学科学和用科学的意识。同时，他们会逐渐懂得，尊重与这些动植物乃至整个生物界的相互关系是人类的职责。

我热情地向全国的小学生、老师和家长们推荐这套丛书。

杨雄里

2017年7月

目　录

鲸 鲨

绰号：海霸王

　　有人把我叫做"海霸王"。其实，别看我个子那么大，我可不是凶猛的食人鲨。我的性情可温和了，一般只吃那些小鱼、小虾，甚至一些更小的浮游生物，也常常吃一些海藻当"蔬菜"。我吃东西的时候，只需要张开大嘴，海水就会带着这些食物涌进我的嘴里。这时候，我只要闭上嘴，水就从两边的鳃孔排出去了，食物全都被鳃上的过滤器拦在嘴里，让我慢慢享用。

鲨鱼是一大类生活在海洋中的软骨鱼类，全世界有340多种。它们的一大特征，就是在头部两侧有明显的鳃裂，一般为5～7对；嘴在头部的下面。另外，鲨鱼没有鱼鳔，完全靠发达的鱼鳍特别是尾鳍摆动来控制在水中的升降行动。

鲸鲨既是最大的鲨鱼，也是最大的鱼类，一般都能长到10米以上，最长的可达20米左右，重达40吨，它的一粒鱼卵就像橄榄球那么大。相比之下，最小的鲨鱼只有约20厘米，还不到0.5千克重。

根据食性的不同，鲨鱼可以分为"温和型"和"凶猛型"两大类。温和型的鲨鱼一般喜欢生活在海底，缓慢游动，以小鱼、小虾和海洋底栖动物为食，很少主动攻击其他大型海洋生物，鲸鲨就属于这一类。凶猛型鲨鱼以大白鲨为代表，通常生活在海水的中上层，堪称大多数海洋动物的天敌，是真正的海中霸王。大白鲨在繁殖和觅食时，还经常游到海湾或靠近海岸的地方，捕食海豹和海狮，也会主动袭击船只和游泳潜水者，所以又被称为"噬人鲨"。

我一直不明白，为什么人们叫我鲸鲨。也许，是因为我个头很大，像海里的鲸；也许，是因为我吃东西的方式有点像须鲸，靠把嘴里的水过滤出去留下食物；也许，是因为我从不喜欢攻击别人，就像有些鲸的好脾气。还有可能，有人干脆就把我当成了一种鲸。谁知道呢！

大白鲨

蝠鲼

绰号：水下滑翔机

我的外形和大多数鱼类不一样，它们大都长得细细长长，鱼鳍长在背上和肚子下面，尾巴像一把扇子。可我的胸鳍和身体扩展成了一个菱形的大扁盘，就像两只翅膀，尾巴却变得又细又长，像一根鞭子。在水中游动的样子，很像蝙蝠张着翅膀飞行，所以就把我叫做"蝠鲼"了。别看我身体宽大，足有六七米宽，可在水里游泳时却非常地灵活，升降自如，有时还会突然跃出水面滑翔，就像一只展翅飞行的大鸟！

蝠鲼属于鳐类，由于长期适应海底的生活环境，它们大多体形扁平宽大，在水中游动时姿态十分优美，扩大的胸鳍在水中柔和地翩翩摆动，很像鸟翅扇动，同时，细长的尾巴能起到保持平衡的作用。

大多数鳐类都是性情比较温和的鱼类，以捕食小鱼虾或海底的贝类动物为生。但是也有一些特殊的种类，具有较强的攻击性，如锯鳐。锯鳐的长相十分奇特，它的嘴上部扁平狭长，向前突出1米多长，像一把长剑。更特别的是，"长剑"的两边还排列着20多对锋利的锯齿，每个锯齿都有四五厘米长，就像一把活灵活现的"锯子"，它就是锯鳐的捕食利器。锯鳐在觅食时，常常喜欢把"长锯"当做锹，将海底的淤泥掘起，在一片浑水中寻找贝类。当它遇上鱼群时，"长锯"就会大显神威。只见它左右挥舞，猛砍猛刺，鱼儿们不是被锯成两段，就是被利齿扎穿身体。就算是海洋中最难缠的八爪章鱼，也完全抵不住锯鳐锋利的"长锯"，常常被砍得断肢缺爪，最终成为锯鳐的美餐。

看到我头上的"耳朵"了吗？它们其实不是耳朵，而是鱼鳍变成的。我捕食的时候，就用它们左右摆动，或者卷成筒状，把鱼虾全都扒拉到嘴里，是不是很像你们吃饭时用的筷子啊。

锯鳐

白鲟

绰号：**象鼻鱼**

我的嘴向前突出，足有身体的一半那么长，就像大象的鼻子，所以人们把我叫做"象鼻鱼"。我是河流中最大的鱼，一般都能长到三四米长，最大的有7米长，将近1吨重。

我们是一种洄游鱼类，每年春天，我们从长江的入海口溯江而上去产卵，等到鱼卵长成了小鱼，又带着它们顺流而下，到河口外的浅海生长。所以，小白鲟从小是在淡水中出生，然后在咸咸的海水中长大，以后再回到淡水中繁殖。我们的一生能活二三十年，和大多数鱼类相比，这算是很长的寿命了。

我们的祖先早在1亿多年前就已经生活在地球上了，大多数别的鱼类早就灭绝了，只有我们还存活到现在，所以就被称为"水中大熊猫"呢。

中华鲟

物种档案

全世界只有两种白鲟，一种生活在美国的密西西比河流域，另一种就是生活在中国长江干流中的白鲟。它是一种古老的鱼类，在科学研究上具有非常重要的意义。早在30多年前，国家就把白鲟列为一级保护动物。可惜的是，由于环境变化等很多原因，现在已经很难在长江中见到白鲟的踪迹了。

说到白鲟，就不得不提到长江中的另一种鲟鱼——中华鲟。和白鲟一样，中华鲟也属于比较原始的硬骨鱼类，身上都没有鱼鳞。不同的是，中华鲟没有白鲟那么长的口吻部，体形和重量也不如白鲟那么大。它的身上从前到后有5列突起的骨板，背脊中央的一列特别明显，身体侧面和腹部各有两列。它的尾巴呈明显的歪斜形状，上大下小。中华鲟也是一种十分古老的鱼种，被称为"水中活化石"，现在面临着和白鲟相似的濒危状态，野生的中华鲟已十分罕见，主要是通过人工养殖的方式进行物种保护。

鳗 鲡

我的身材苗条细长，看上去有点像蛇。

我是一种洄游的鱼，和别的鱼不一样的是，我平时生活在淡水的河流中，到了产卵的时候才沿着河流向入海口游去，最后在海里产卵。

当我在海里从小小的鱼卵孵化成小鱼仔时，就像一片细弱的柳叶，全身透明；慢慢地，我随着海流飘到了河口附近，这时，我的身体已发育成纤细的线条状，白色透明，叫做"玻璃鳗"；后来，我游到了淡水的江河中，不知不觉，全身就开始变黑了；在淡水里生活的时间久了，全身上下又成了黄褐色或者灰褐色；等到我要离开河流，到大海里去产卵的时候，我的身体会出现奇异的闪光，特别是白色的肚子上会发出银色的光亮。是不是很神奇啊！

海鳗

电鳗

物种档案

鳗鲡又称为河鳗，主要生长在淡水的河流中。它的皮肤组织很特别，能够进行一定的呼吸作用，所以，鳗鲡能够短时间地离开水而不会死亡。有时，鳗鲡会靠着强健有力的身体肌肉，从原来生活的河流水体中"爬"上沿岸的田野，然后转移到相邻的另一片河流或者湖泊中。

在海洋中，生活着一种和鳗鲡非常相似的鱼类，它就是海鳗。海鳗的个体比鳗鲡更加粗长强壮。

还有一种特别的"鳗"——电鳗，它虽然体形和鳗鱼有些相似，但其实不属于鳗鱼类。电鳗生活在南美洲的丛林沼泽区，长达1米以上，身体的大部分都是特殊的发电器官，它们是由肌肉细胞变成的。电鳗是凶猛的肉食性鱼类，它习惯潜伏在水中，能瞬间发出500伏以上的放电量，周围几米内的水域，不管是其他鱼类还是人或牲畜，都难逃这样的猝然电击。电鳗的这种放电行为，一方面是捕猎的手段，另一方面也可以通过放电来分解体内的水分，获得氧供给自身的血液循环。

鳙　鱼

绰号：胖头鱼

大家都喜欢叫我"胖头鱼"，却不太知道我的学名叫鳙鱼。我的头确实比一般的鱼要大，大约占了整个身体的三分之一。虽然我有一张大嘴，却性情温和，只吃水中的浮游生物。

和许多生活在河流湖泊中的淡水鱼一样，我的背是黑色的，肚子却是白色的，你知道这是为什么吗？原来，黑色的背能起到隐蔽的作用，不容易被从天空中往下看的水鸟发现。而白色的肚子和水面的天空光线看上去比较接近，能使得水下的敌人朝上看的时候，看不清我们的身影，同样能起到伪装的作用。如果哪一天你看到一条鱼背朝下、白肚子朝上挺在水面上，那就意味着是一条死鱼，或者马上就要死掉了。

鳙鱼

青鱼

草鱼

鲢鱼

物种档案

鳙鱼是中国南方的一种常见的淡水鱼，主要生活在长江流域地区，是一种重要的经济鱼类，也是广泛进行淡水养殖的"四大家鱼"之一。由于它生长迅速，个体较大，肉质鲜嫩，尤其是硕大的鱼头非常肥美，因此成为人们经常享用的鱼类。

在"四大家鱼"中，除了鳙鱼，还有青鱼、草鱼、鲢鱼。其中，鲢鱼和鳙鱼的外形最为相似，只是鳙鱼的头部明显庞大，身体也更大更重，背上常常有黑色斑纹，所以人们常常把鳙鱼叫做"花鲢鱼"。青鱼和草鱼是另一对非常相像的鱼类。有意思的是，在鱼塘里，人们常常把青、草、鲢、鳙四种鱼放在一起混养，因为它们生活在不同的水层，食性也各不相同，所以能互不影响。例如，青鱼喜欢生活在水底，主要吃螺蛳、蚌蛤等，很少到水面上来；草鱼则喜欢吃水草、芦苇，常常在水体中下层或靠近岸边的水域活动；鲢鱼和鳙鱼通常在水体的中上层活动，主要吃水中的浮游生物。

金 鱼

绰号：水泡

　　我就是人见人爱的小金鱼，看看我们艳丽的色彩，曼妙的身姿，你能想得到，其实我们原先就是普通的鲫鱼？

　　所有的金鱼都是同一个大家族，但每一个品种都有自己的特点。有的鼓着水泡一样的大眼睛，在水里东张西望，好像两个透明的气球在飘动；有的额头上长着一大坨色彩鲜艳的肉瘤，既像顶着一朵绚丽的绒球，又好像戴了一顶漂亮的帽子；有的鱼翅变得又长又宽，在水中游来游去，好像轻纱曼舞，飘逸动人。

　　其实我们的颜色绚丽多彩，有最常见的红色和橙色的，还有比较少见的紫色、蓝色、黑色、银白色，还有一些品种，全身有各种颜色和花纹，准会让你看得眼花缭乱。

物种档案

　　金鱼是鲫鱼人工培育出来的品种。它最初起源于中国，早在1000多年前的宋朝就开始饲养金鱼了。最初的金鱼其实只是一些野生的红黄色的鲫鱼，除了颜色，和普通鲫鱼没什么区别。后来，经过很长时间的培育和饲养，逐渐形成了不同形状的系列，如体形正常、尾巴单一的普通金鱼，眼球鼓起、身体粗短的龙种金鱼，体色多变、尾鳍分叉很多的文种金鱼，以及身体鼓胖如球、没有背鳍的蛋种金鱼等，品种多达几百个，不但在中国广受欢迎，还传到世界各地。

　　有意思的是，从鲤鱼培育形成的另一种著名的观赏鱼——锦鲤，也常常被称为"金鱼"。锦鲤最初也是在中国培育起来的，后来引种到日本后，获得了很大的发展，培养出许多色彩斑斓、姿态美丽的品种。和从鲫鱼培育而来的金鱼不同的是，锦鲤的品种在体形上没有太大区别，主要是色彩和斑纹多变。由于锦鲤的体形比金鱼大得多，所以常常在公园、池塘中放养，成为独特的水景。

锦鲤

鲶鱼

绰号：胡子鱼

我长着一个平扁的头，身体像一个圆筒，到尾巴这里又变成侧扁形了。全身上下没有鳞片，光滑无比，摸上去滑溜溜的有很多黏液。

我最大的特点是嘴巴上长着"胡子"。而且，不同的种类，胡子还长得不一样，有的长着两对，有的长着三对或四对。大多数"胡子"都是两长两短，有的朝前伸出，有的向下悬垂，还有的胡须长成了一大丛，像在嘴上开了一朵花似的。

鲶鱼的头嘴宽大，食量也很大，是一种肉食性的鱼类。一般的鲶鱼长三四十厘米，最小的才几厘米长。但鲶鱼的近亲"胡子鲶"大多体形庞大，最大的体长两三米，重达290多千克。在非洲热带的河流中，还有一种会放电的电鲶。它的发电器官与电鳗、电鳐等不同，不是由肌肉细胞组成的，而是由身体里的一种腺体变化而成，大约有500万个微型发电器，放电量为100多伏。

你听说过"鲶鱼效应"吗？它说的是：渔夫出海捕捞沙丁鱼，虽然收获颇丰，但许多沙丁鱼还没等渔船回到港口就已经因为缺少氧气而死亡。后来，有个渔夫想出了一个办法，就是在装满沙丁鱼的大渔舱里放进一条鲶鱼。鲶鱼在渔舱里四处乱窜，搅得沙丁鱼也拼命游动，纷纷躲避。这样一来，不得安宁的沙丁鱼直到回到港口仍然活蹦乱跳。"鲶鱼效应"通常用来比喻激发活力的重要性。

由于我们眼睛很小，视力比较弱，所以就要靠长长的"胡子"来四下探索，当然还要加上灵敏的嗅觉喽。有的同类不但长着"胡子"，嘴巴还变成了吸盘，能吸住岩石，在急流中不易被冲走。

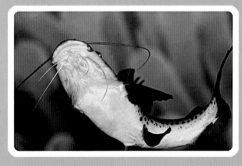

神仙鱼

绰号：五彩天使

　　我在水里的时候总是保持着直立姿势。而且，我总是安静地在水中休息。看到我在水中轻摇鱼鳍，缓缓游动，是不是很有些神仙一样的潇洒和飘逸啊！在国外，人们都叫我"水中天使"。

　　我身上最美丽的要算是形状奇特的鱼鳍了。背上的鳍像一片三角帆，向上挺立；肚子上的鳍变成了两条长长的丝线，好像轻柔的飘带；尾巴上的鳍像一把扇子，宽大舒展。只要我轻轻一扭身体，它们就会在水里飘飘而动。

　　我们身上的颜色也很特别哦，有桃红色、黄色、银白色、黑色，还有许多渐变的颜色，甚至有的同伴全身透明。瞧瞧我身上漂亮的黑色斑马纹，甚至有的纹路像熊猫，有的像鸳鸯。

物种档案

通常所说的热带鱼，是指原产于热带和亚热带地区的一些经过人工培育的观赏鱼类。它们或形态奇异，或色彩美丽，或姿态独特，深受人们的青睐。神仙鱼就是一种典型的热带鱼，它有许多品种，色彩缤纷，特别是鱼鳍非常多变，显得雍容华贵。

孔雀鱼是另一种广泛饲养的热带鱼，它虽然身体只有几厘米长，但体态优美，尤其是尾鳍宽展，形状、颜色和花纹变化多端，在水中游动时，尾鳍飘摆摇动，就像是孔雀开屏，十分惊艳。

小丑鱼的脸上总是有一条白色的条纹，看上去就像京剧脸谱中的"小丑"。它经常在海葵的触手之间游动，靠海葵来保护自己免受大鱼的攻击，所以又被叫做海葵鱼。同样靠海葵来庇护的还有一类蝴蝶鱼，它们身体扁平，体形椭圆，嘴部突起，神态呆萌可爱。鱼身上有鲜艳的彩色斑块和条纹，尤其是常常在尾部有眼状的斑块，能起到警示敌人的作用。

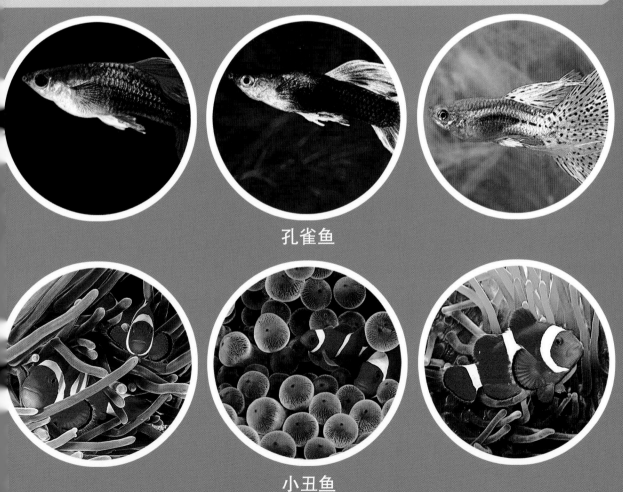

孔雀鱼

小丑鱼

飞 鱼

绰号：飞行者

　　我是一条喜欢在水面上飞的鱼。起飞前，我把鱼鳍都收紧，贴在身体上，就像一支标枪。我使劲地摆动尾巴，游得越来越快，把身体向上推出水面。我的上身刚露出水面，就要赶快展开胸鳍，就像鸟的翅膀一样。这时候，我的尾巴还要不停地在水中拍打，上身靠展开的"翅膀"获得空气的升力，保持着在水面上"滑水"的姿势，直到整个身体从水里跃起，飞到空中。飞行时，我会平展胸部和腹部的鱼鳍，就像展开两对翅膀，迎着气流轻快地在空气中滑翔。

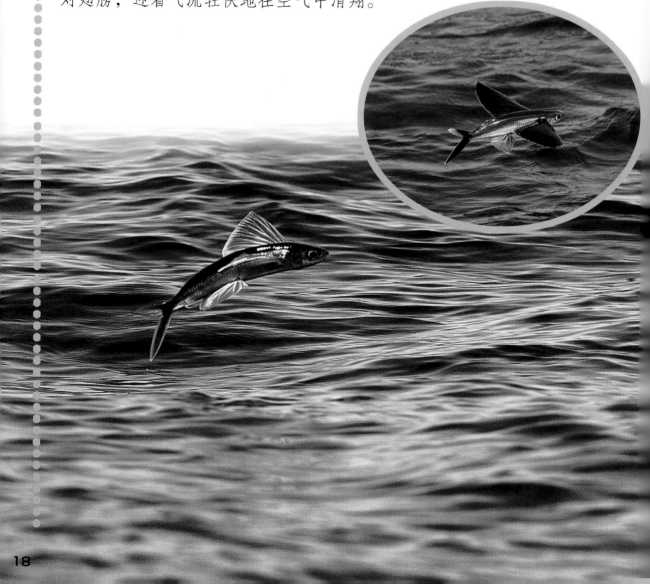

剑鱼

物种档案

　　飞鱼是少数能跃出水面，并借助于空气的力量在空中滑翔的鱼类。它的胸鳍是鱼类中胸鳍最长的，能像鸟的双翅一样展开。飞鱼的尾鳍也非常发达，就像一个强劲有力的"马达"，将整个鱼体加速向前上方推进，直至跃出水面。飞鱼"起飞"后，能保持在水面上数米的高度滑翔几秒钟，滑翔距离达到几十米。

　　你猜飞鱼一次能在空中飞多远？几十米，甚至100多米！有时，它还会连续在水面上"降落""起飞"，而不用钻到水里，水面就是飞鱼宽阔的"机场跑道"。

　　飞鱼飞出水面，主要是一种逃避水中敌害的举动。虽然飞鱼的游泳速度已经很快了，但是它的天敌——剑鱼的速度更快。剑鱼是一种大型肉食性鱼类，它的上颌演变为向前突起的长剑状，占到体长的三分之一，十分尖利。加上它100千米以上的平均时速，这柄"利剑"能轻而易举地穿刺猎物的身体。难怪飞鱼只能靠逃离水体甚至连续不入水的起飞，才能逃避凶猛的剑鱼追杀。

海　马

绰号：超级奶爸

我是一条最不像鱼的鱼。我全身上下都包着一层硬硬的壳，就像穿着一件铠甲，没有一般鱼身上的鳞片；头看上去很像马头，弯转和身体成直角；尾巴很长，一环一环地分节，有时蜷曲有时伸展。

我的繁殖方式非常罕见。到了繁殖季节，雄海马的腹部皮肤会皱褶出一个透明的囊状结构，雌海马将卵产在这个囊中后就离开了，孵卵和养育小海马的责任完全由雄海马来承担。雄海马的这个育儿囊里有密集的细微血管，可以把营养物质传送给小海马胚胎供其发育。经过约20天的孵化，小海马在育儿囊中诞生了。经过一段成熟期，雄海马会打开育儿囊的口，身体一曲一伸，将只有一两厘米长的小海马从育儿囊里一只只弹到海水里。像这样由"爸爸生孩子"的例子，在整个动物界也是独一无二的。

物种档案

海马是一种非常独特的鱼类。它的嘴巴很像一个吸管，吃东西的时候用力一吸，就能把近在眼前的食物吸入。由于海马体形小，吸管状的嘴大小固定，所以只能吸食一些小虾等甲壳类动物及其幼体。

海马的两只大眼睛可以自由地上下左右转动，甚至能分别看不同的方向，这在所有鱼类中是绝无仅有的。海马眼睛的这种功能，有助于弥补它不善于游泳的弱点。

平时，海马总是在水中竖着身体，头朝前，用尾巴卷住海藻，这样不但很省力，还能靠海藻隐蔽自己，躲避敌人。海马不喜欢游泳，需要活动时，会使劲扇动胸口和背上的小鱼鳍来缓缓游动。有时，海马也会靠尾巴一曲一伸，像弹跳一样地行动。还有时，干脆把自己倒挂在海藻上，随着海流漂浮。

海马还有一个表兄弟，叫海龙，它们的嘴更长，很像传说中的"龙"。有些海龙的鳍变得很大，枝枝蔓蔓的，不注意的话还以为是一团海草呢。

海龙

21

黄鳝

绰号：变性鱼

　　我是一种鳝鱼。和蛇相比，我全身光滑，没有鳞片；和鳗鲡相比，我身上的鱼鳍几乎完全看不到。因为身体黄色，大家都习惯叫我黄鳝。

　　我的身世很特别。我和同伴们从小到大，全都是姐妹。直到我们发育成熟，都开始当"妈妈"了，这时会产出很多鱼卵。从那时开始，我的身体里会发生奇特的变化，不知不觉就变成雄性的"鱼爸爸"了。所以，你看到的细小的黄鳝，那一定都是雌性的；粗大体长的，大都是雄性的；身体不粗不细，体长30～40厘米的黄鳝当中，大概一半是还没有"变性"的雌鱼，一半是已经"变性"的雄鱼。

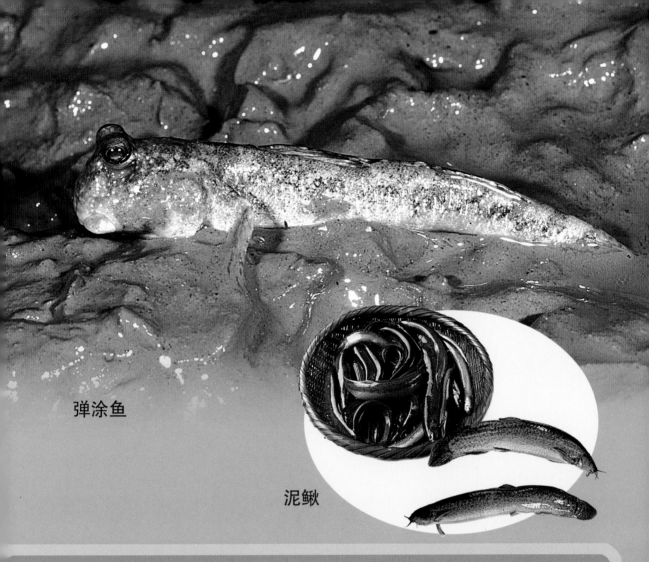

弹涂鱼

泥鳅

物种档案

　　黄鳝的生活习性和大多数鱼类不同。它通常生活在泥塘、水田中，喜欢在泥沼中钻洞，到了冬天就会在泥洞中"冬眠"几个月。黄鳝的鳃已经退化了，无法完全在水里呼吸。所以，它经常会将前半段身体竖直在水中，把嘴尖露出水面呼吸空气，靠口腔和喉咽部的内表皮作为呼吸器官。

　　和黄鳝的呼吸方式类似的还有泥鳅，它也是一种不太像鱼的鱼。顾名思义，泥鳅喜欢生活在水底淤泥中，会像黄鳝一样不时到水面上来吞吸空气，然后把空气"咽"下去，靠肠道来进行呼吸。所以，即使在水田干涸的季节，泥鳅也能靠这种奇特的呼吸本领维持生命。

　　喜欢在海滩淤泥中生活的弹涂鱼的呼吸方式就更奇特了。在水中时，它主要靠鱼鳃呼吸；如果在泥涂上，鳃失去了呼吸作用，它一面靠口腔黏膜呼吸，一面会把尾巴放在水洼中，靠尾巴上的皮肤进行呼吸。

带 鱼

绰号：银色带子

　　我的身体又扁又长，就像一条银色的带子，尾巴向后变得越来越细，像一根鞭子。我不像别的鱼靠扇动鱼鳍来游泳，而是靠身体左右摆动，像蛇一样地波浪式运动。

　　别看我长得"瘦弱"，其实我性情凶猛。在海洋里，不管遇到什么鱼、虾，只要我的大嘴吞得下，就全都是我的捕食对象，连尖角硬壳的小蟹也能一口咬碎。有时，我们还会自相残杀，经常咬得对方断了尾巴。

　　渔民在海上钓鱼时，我们总是最容易上钩的。好笑的是，一条带鱼被钓起来，还会有另一条带鱼正咬着前面一条的尾巴，而且，竟然下面还会拖着第三条，第四条……

大黄鱼

24

带鱼是中国著名的四大海产之一，全世界有一半以上的产量出自中国东部沿海。

带鱼是一种洄游性的海鱼，会随着季节水温的变化，改变生活的海域。每年冬季，分散在各地的带鱼逐渐在东海聚集成群，开始从北向南越冬洄游，这时鱼群的密度极大，形成了东海海域最大的鱼汛。到了第二年的初春，南部和外海的带鱼又开始从南向北洄游，这一次是为了在那里产卵繁殖，从东海一直可以分布到渤海，形成了又一次鱼汛。

带鱼的肉质十分鲜美，又很少鱼刺，所以很受人们的欢迎。带鱼没有鱼鳞，通常人们所说的带鱼鳞其实是它体表的一层银色薄膜，对带鱼起保护作用，其中含有的闪光物质还能威慑海中的敌人。

除了带鱼，中国的另外三种海产分别是大黄鱼、小黄鱼和乌贼。大黄鱼和小黄鱼并不是一个物种，两者除了个体大小有别外，外形非常相似。至于乌贼，它并不是鱼类，而是一种软体动物。

小黄鱼

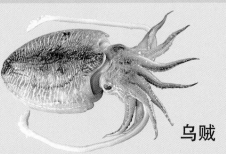

乌贼

比目鱼

绰号：对对眼

人们好奇我：怎么会两只眼睛长到了身体的一面上呢？

我刚出生时，长得身材匀称，两只眼睛一边一个，常常游到水面上玩。随着身体慢慢长大，我开始喜欢上了海底生活，常常侧卧着睡觉。不知怎么的，一觉醒来，就觉得靠下面一侧的眼睛向头顶移动了一点；再一觉醒来，它好像又移动了一点。久而久之，那只移动的眼睛就不知不觉地"跑"到了上面，和另一只眼睛并排在一起，成了一条真正的"比目鱼"。

其实，我不光眼睛长在身体的一侧，整个身体都是不对称的，连嘴、牙齿、鱼鳍，甚至便便的肛门都是歪的。

物种档案

比目鱼是鲽形目鱼类的统称。从生长发育过程可以发现，它们的祖先应该是身体左右对称的侧扁形鱼类，形似鲳鱼。只是由于它们长期适应平卧海底的生活方式，经过世代演变，逐渐积累，身体朝下一侧的器官结构向上移动，终于形成了现在我们所看到的比目鱼的特殊样貌。

各种比目鱼看上去外形相似，都是扁扁塌塌的样子，其实还有许多细节上的区别。如有的在背鳍前面长着突起的棘，这种比目鱼称为鳒。在没有棘的种类中，又根据有没有明显的尾巴、双眼长在背脊的左边还是右边进行区分：有尾巴，双眼在左边的叫鲆，双眼在右边的叫鲽；没有尾巴，双眼在左边的叫舌鳎，双眼在右边的叫鳎。

由于长期平卧海底，比目鱼身体向下的一面颜色比较浅，向上的一面则颜色比较深，还常常有各种斑纹，与环境非常相似，这能起到很好的保护和隐蔽作用。

鳒　　　　　　鲆　　　　　　鲽　　　　　　舌鳎

鮟鱇

绰号：海底钓鱼翁

别看我长相恐怖唬人，可一点儿都不凶，胆子还特别小。那些想惹我的敌人一看到我这副"尊容"，就连忙躲得远远的了。

平时我总是喜欢趴在海底的泥沙里，这样又安全又舒服。虽然我行动缓慢，不过我可有一个捕猎的绝招哦！看见我的大嘴上面竖着的那根东西了吗？它就是我的"钓鱼竿"，前面还有诱饵呢。平时我只要摇一摇这根"鱼竿"，诱饵在水里摆动，就能把那些贪吃的小鱼小虾吸引过来。不过，还没等它们吃到鱼饵，我这张大嘴只消一张一闭，它们可全都成了我的美餐了。

物种档案

    鮟鱇是一种栖息在海底的鱼类。它的头很宽大，身体扁平，活像一个圆盘，身体的后部比较粗短，像一个圆锥。鮟鱇的嘴也很宽，嘴边上长着一排尖细的牙齿，大嘴的上面有一对圆圆的眼睛，整个头和身体边缘长着许多疙疙瘩瘩的突起和分支，看上去一副凶神恶煞的样子！

    鮟鱇的背上从前到后长着一溜刺状的背鳍，不过，最前面的那根棘刺又长又软，像一个长丝条，顶端的皮肤还突起成穗子的模样，活像一根带着鱼饵的钓鱼竿。这根"钓鱼竿"很神奇，它就悬垂在鮟鱇的那张大嘴前面，"穗子"来回摆动，还会因为上面栖息着一些特别的深海细菌而发光呢！想象一下，在黑暗的海底，出现了神奇的光亮，还有晃动着的美食，那些路过的小鱼小虾怎能不"心动"前来呢。当然，结果和它们期望的恰恰相反，"晃动着的美食"只是鮟鱇的诱饵，不明真相的鱼虾最终反倒成了鮟鱇的美食。

水　母

绰号：水中伞

我的身体看上去像是一把透明的大伞，这是因为里面几乎全都是水。在"大伞"的周围，有许许多多触手；"大伞"的下面是我的嘴巴，周围有几个像手腕一样的东西，叫做口腕。可别小看那些柔软飘逸的触手，它的里面藏着带刺的细胞，能释放出有毒的细丝，一下子把水中的小鱼虾"麻"翻。比如，生活在北极海域的霞水母，一旦发现猎物，一组上百根的触手就能像装了弹簧一样，突然伸长到30多米远的地方，一起放出毒素，瞬间把猎物麻醉，伸长的触手在不到1秒钟的时间里就能迅速收缩回来。然后，靠其他触手和口腕把迷迷糊糊的猎物送到嘴里，一顿美餐。

僧帽水母

物种档案

水母属于腔肠动物，我们经常食用的海蜇就是典型的水母。薄薄的海蜇皮是水母伞状的部分，厚实的海蜇头就是它的口腕部位。

水母有很多种，形状各异，大小也相差很多。普通水母的伞体直径一般在二三十厘米之间，最小的只有一两厘米，而最大的霞水母光是伞盖直径就有2米，周围的触手短则数米，长的可达20米以上，多达上千根。所以，它的触手如果舒展开来，就像在水中布下一个致命的大网，很难有猎物能逃脱。如果把它的触手向两边展开，最长可达70多米，堪称世界上最长的动物。

水母通常像一把伞一样在海面上漂浮，在明月当空的夜晚，看上去就像是月亮在海面上的倒影，所以人们把它叫做"海月"。而且还常常折射出奇异的光彩，非常美丽。有种僧帽水母，它的伞囊可以鼓胀收缩，这能使它在海水中浮浮沉沉，升降自如，方便地觅食。如果遇到敌害，伞囊便迅速"泄气"，整个水母一下子就沉到水底躲起来。

海葵

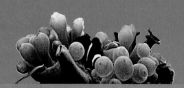

绰号：海底花

　　我的模样看起来，很像是一棵矮小的树，从海岸边一直到几千米深的海底，到处都有我和同伴们的身影。在我圆柱形的身体上面，伸展着几十个像花瓣一样的触手，随着柔软的身体在海水中缓缓摇摆，好像葵花开放一样，所以人们叫我海葵。

　　很多人觉得我的样子像是植物，其实我是真正的海洋动物，和海蜇是亲戚。不过，海蜇总是随波漂浮，我喜欢固定在岩石上生活。觅食时，我会把触手尽量伸展开来，如果有小鱼、小虾从身边游过，我的触手就会一下子伸过去，放出毒素把它们麻醉，然后其他触手帮忙把猎物送到长在"树顶"的触手丛中的嘴里。

珊瑚

物种档案

　　海葵被称为海底花，不仅是因为它们形似植物，而且色彩美丽，有红、橙、黄、绿、蓝等多种颜色，还因为它们大多数固着生活，好像一棵棵粗矮的小树栽种在海底岩石上。海葵还经常附着在蟹、螺、贝等的外壳上，随着后者的活动而移动。

　　和海葵一起组成海底世界美丽景观的还有珊瑚。人们也常常误以为珊瑚是植物，并称之为"珊瑚树"，其实它和海葵、海蜇都属于腔肠动物。珊瑚虫的个体很小，一般不到1厘米，但同样有触手，并靠它来捕获海水中的微小生物。单个的珊瑚虫本来毫不起眼，但是它们喜欢大量地群居在一起生活。老的珊瑚死亡后，留下坚硬的石灰质外骨骼，新生的珊瑚虫就在这些骨骼上生长、生活。一代又一代的珊瑚在同一个地方不断地繁衍生长，它们死亡后的骨骼就堆积得越来越大，形状也变得千姿百态，成了美丽的珊瑚丛。经过成千上万年的累积，同一片海域的无数珊瑚丛连接成片，增高扩大，最终就形成了巨大的珊瑚礁、珊瑚岛。

海 螺

绰号：螺号

　　我是一只海螺，外壳坚硬得像岩石一样，有几十厘米高，上面缩小成尖顶，下面的开口大。壳身上面一层一层，一圈一圈，有许多花纹和突起，可漂亮了。

　　虽然有这么坚硬的外壳，但我却属于软体动物，其实，最大的秘密就在螺壳里面。我的身体非常柔软，却有一只肌肉发达的脚，叫做"腹足"。在海底活动时，我总是把身体藏在螺壳里，伸出腹足慢慢地移动。如果有敌人想攻击我，我会立即把腹足收缩进去。有了硬壳的保护，谁也别想伤害我。

　　我的螺壳不但漂亮，还有特别的用处呢。空的螺壳里面是特别的弯曲形状，充满了空气，如果你把螺口贴在耳朵上面，就能听到"嗡嗡"的声音。如果把螺壳顶上磨出个小孔，使劲一吹，就能发出"呜呜"的声音，传得很远。

物种档案

　　软体动物多达近10万种，海螺属于其中的单壳类，和它相似的还有生活在陆地湖泊水洼里的田螺、螺蛳，以及主要在地面上活动的蜗牛等。除此之外，还有一大类是带有两瓣硬壳的，像牡蛎、蚶、蚌、蛤、贝、蛏等。而没有外骨骼的章鱼、乌贼等则是另一类特殊的软体动物。

　　大多数软体动物都有坚硬的外壳，它一方面能保护身体免受伤害，一方面起到支撑其柔软的身体活动的作用。在干燥的环境中，相对封闭的外壳还有助于动物的身体保持水分。

　　软体动物的外壳并不是天生就有的。原来，它们柔软的身体外包裹着一层外套膜，能不断地分泌出结晶状的石灰质。随着软体动物的发育成长，这些石灰质沿着螺旋线的方向一层层地累积起来，越来越厚，开口越来越大，逐渐形成了坚硬的外壳。有趣的是，珍珠贝的两片壳并不对称，如果有沙粒等异物侵入，会刺激外套膜加速分泌石灰质将异物包裹，久而久之，就在贝壳的内侧凸显成光亮圆润的珍珠了。

| 牡蛎 | 蚶蛎 | 蚌 | 蛤 | 贝 | 蛏 |

乌贼

绰号：喷墨侠

　　我的身体像一个大口袋，嘴巴长在头的前面，嘴里长着坚硬的牙齿。别看我一副软绵绵的样子，靠着这副牙齿，我就能轻而易举地咬碎坚硬的蟹壳和鱼头。我的嘴巴四周有8条手臂一样的腕，还有两条很长的触手，上面都长着许多圆圆的小吸盘。捕猎时，我会先伸出长触手，远远地就把猎物吸住，连拉带拽地把它拖到面前，然后所有的手腕一起帮忙，把猎物塞到嘴里。

物种档案

乌贼又被称为墨鱼，其实它并不是鱼类，而是一种软体动物。一般软体动物具有的外壳，在乌贼身上已经退化成一块又小又轻的内壳，包裹在身体里，具有储存空气、调节身体平衡的作用。

乌贼平时在水里缓慢游动时，主要是靠体侧的一排肉质的鳍来划水；需要快速游泳时，头部下面的一个喇叭形管子会用力喷水，借助于喷水的推力来向反方向游动。这个管子还连通着一个特别的墨囊，里面储存着由衰老细胞破裂产生的墨汁。在遇到强敌的时候，乌贼常常靠喷射墨汁来掩护自己逃生。

与墨鱼相似的还有鱿鱼和章鱼，它们也都是软体动物，也都能通过喷射墨汁来迷惑敌人，逃避危险。鱿鱼和乌贼长得比较像，但身体后半部的两侧有比较宽的肉鳍，使整个身体看上去很像标枪的枪头，所以又称为枪乌贼。章鱼的头和身体连成一个庞大的圆球形，口的周围长着8条长短相近的腕，所以又常被叫做"八爪鱼"。

有时候我也会成为一些大鱼的猎物。情况危急时，我会使出绝招——烟幕弹！只见我收缩身体，从嘴巴下面的喷管里射出一股浓黑的墨汁，形成一大团黑色水雾，阻碍了敌人的视线。自己趁机一边向前喷水，一边向后退缩，转眼之间就逃得不见踪影了。

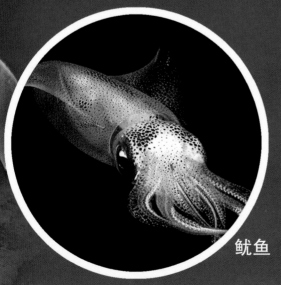
鱿鱼

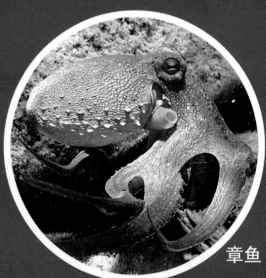
章鱼

寄居蟹

绰号：海螺房客

　　我原来是一只普通的蟹，有一天在海里发现了一只漂亮的海螺，于是就钻进了海螺壳里，把螺肉全都扔掉，让自己的身体盘曲在里面。两只大钳子实在放不进去，只好留在外面。

　　平时，我就扛着这个海螺房子四处活动。我用两对短脚从里面撑住螺壳，头胸部伸在外面，靠两对长脚走路。如果遇到危险，我会赶紧把整个身体都缩到"房子"里，只留两只大钳子挡在门口防御敌人。

　　后来，来了一只美丽的海葵，想跟着我一起去旅行。不过，"房子"里可住不下了，它只好住在"房顶"上。

　　我的名字就叫寄居蟹，螺壳只是我的房子，海葵是我的乘客，也是我的朋友。

寄居蟹和海葵

物种档案

　　寄居蟹是一种奇特的海洋节肢动物。由于长期适应了寄居在螺壳里的生活，它的身体变得狭长柔软。寄居蟹每蜕皮一次，身体就要长大一圈，也就意味着需要换一个新的螺壳才能容下身体。这时，寄居蟹会耐心地试探新的螺壳大小和重量是否合适，一旦选定，它还常常会让原来螺壳上的海葵一起搬往"新居"。

　　寄居蟹和海葵的这种合作方式称为"共生"。一方面，海葵通常是固着生活的，完全靠"守株待兔"的方式觅食，行动也十分缓慢，因此需要通过寄居蟹的走动给它带来更多的食物。另一方面，寄居蟹虽然有螺壳的保护，但遇到以螺和贝壳类为食的一些敌人，即便被动地缩进螺壳躲避也难逃厄运。有了海葵，寄居蟹就多了一层可靠的保护，因为海葵身上有很多触手，里面长着充满毒液的细胞，海洋中很多猎食者看到它都躲得远远的，这就使寄居蟹也避开了危险。正是因为有了这样一种"互利"的关系，寄居蟹和海葵才能长久地生活在一起。

海　星

绰号：五角星

　　我长着5条腕，向周围展开，就像是一只五角星。平时，我就趴在海底的岩石上一动不动。如果发现附近有我最喜欢吃的海胆、藤壶、牡蛎时，我会先抬起一条腕，伸出去吸住前面的岩石，然后放松其他的腕，离开原来趴着的地方。一点一点地慢慢挪动，最终整个身体爬到猎物上，把它们整个吞进去，慢慢消化。

　　有时，我也会先用长腕握住猎物，胃从嘴里翻出来包裹住它们的肉质部分，吃饱了再把胃收回到肚子。这样的吃法是不是很奇特啊！

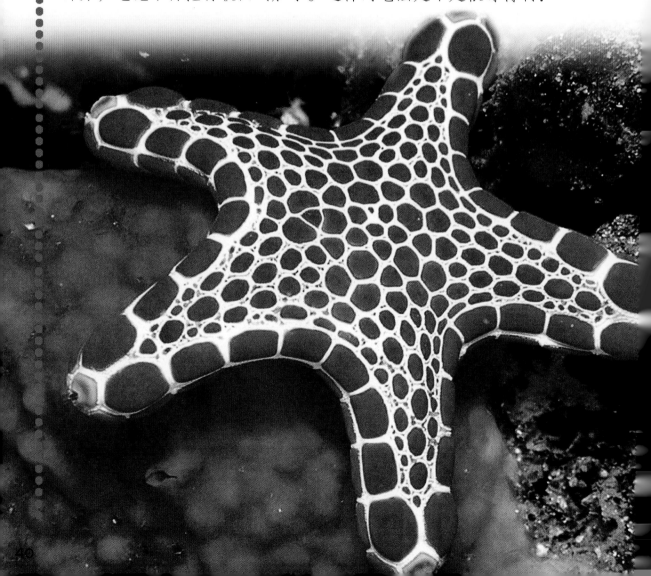

　　海星属于棘皮动物，这是因为它们的身体表面有许多棘状突起，因此而得名。世界上有1 600多种海星，形状各异，五颜六色。大多数海星有5条腕，最多的有50条。海星虽然是一类生活在海底的低等动物，行动缓慢，却大多是肉食性的，尤其喜欢吃贝类等软体动物，破坏性很大。而且，海星的生存能力很强，如果一条腕断了，用不了多久就能长出新腕；哪怕是把它撕裂成几块，每一块"碎片"竟然还能重新长成一只完整的新个体。

　　海胆和海参也属于棘皮动物。海胆的身体通常呈球形或半球形，有一层坚硬的外壳，壳上长着许多棘刺，有些海胆的棘刺有毒性，以此来保护自己。它通常靠活动的棘来缓慢地挪动或翻滚，看上去就像是一只胖鼓鼓的刺猬，所以又被叫做"海刺猬"。海参的身体比较细长，全身柔软，长满了突起的肉刺，看上去就像一条黑不溜秋的黄瓜，所以又叫"海黄瓜"。遇到危险时，海参常常会突然将内脏抛出体外，吸引敌人，自己趁机躲藏起来。经过一段时间的休养，它又会重新长出一副新的内脏。

　　我的胃口特别大，一天就可以吃掉20几个牡蛎。我有一个亲戚叫荆冠海星，专门以珊瑚为食，竟然能把一座座珊瑚礁都吃掉呢。

海胆

荆冠海星

海参

图书在版编目（CIP）数据

五彩天使：水族世界大揭秘 / 郝思军编著. — 上海：上海科学普及出版社, 2017
（神奇生物世界丛书 / 杨雄里主编）
ISBN 978-7-5427-6951-0

Ⅰ.①五… Ⅱ.①郝… Ⅲ.①丽鱼科—普及读物Ⅳ.①Q959.223-49

中国版本图书馆CIP数据核字（2017）第 165791 号

策　　划　蒋惠雍
责任编辑　柴日奕
整体设计　费　嘉　蒋祖冲

神奇生物世界丛书

五彩天使：水族世界大揭秘

郝思军　编著

上海科学普及出版社出版发行

（上海中山北路832号　邮政编码 200070）

http：//www.pspsh.com

各地新华书店经销　上海丽佳制版印刷有限公司印刷
开本　787×1092　　1/16　　印张 3　　字数 30 000
2017年7月第1版　　2017年7月第1次印刷

ISBN 978-7-5427-6951-0
定价：42.00元